Gerrit Altmeppen

Die Kernfusion: Nach Fukushima ein Ausweg aus der Energiekrise?

GRIN Verlag

Bibliografische Information der Deutschen Nationalbibliothek:

Die Deutsche Bibliothek verzeichnet diese Publikation in der Deutschen Nationalbibliografie; detaillierte bibliografische Daten sind im Internet über http://dnb.d-nb.de/ abrufbar.

Impressum:

Druck und Bindung: Books on Demand GmbH, Norderstedt Germany
ISBN: 978-3-656-34995-2

Dieses Buch bei GRIN:

http://www.grin.com/de/e-book/206320/die-kernfusion-nach-fukushima-ein-ausweg-aus-der-energiekrise

Inhaltsverzeichnis

1. Einleitung

11. März 2011, 14 Uhr 26 Minuten und 23 Sekunden: Eines der verheerendsten Unterwasserbeben in der Geschichte der Menschheit wütet 32 km unter der Wasseroberfläche und in 154,228 km Entfernung zum Kernkraftwerk Fukushima I (Daiichi) mit einer Stärke von 9 auf der Momenten-Magnituden-Skala.

Die ersten Wellen des Bebens erreichen das KKW bereits 23 Sekunden später, sie sind bis zu sieben Meter hoch. Die ersten Sicherheitsmechanismen setzen sich in Gang: Drei der sechs Reaktorblöcke initiieren die Abschaltung, die restlichen sind schon aufgrund von Wartungsarbeiten außer Betrieb. Jedoch ist die Energie der Wellen so groß, dass mehrere wasserführende Leitungen brechen und Notkühlsysteme nicht mehr arbeiten können. In den folgenden zwei Minuten bricht auch das an das Kraftwerk angebundene Stromnetz zusammen, nun halten nur noch die zwölf Dieselgeneratoren das Kraftwerk betriebsfähig. Zum Glück hält ein zusätzlicher Kühlmechanismus dem Beben stand, heißer Dampf aus den Siedewasserreaktoren kann in sog. Kondensationskammern geführt werden. Kurz darauf treffen bis zu 15 Meter hohe Wellen das Kraftwerk, die Dämme brechen, die Gebäude samt den Reaktorgebäuden werden in den unteren Etagen geflutet. Da dort jedoch die zentrale Stromversorgung liegt, bricht das interne Stromnetz nun vollends zusammen. Eine Kühlung der noch extrem heißen Reaktoren ist ab diesem Zeitpunkt nicht mehr möglich. Um 19 Uhr und drei Minuten setzt die Kernschmelze im Reaktorblock 1 ein. Am folgenden Tag sprengt eine Wasserstoffexplosion die Sicherheitshüllen und das Dach des Reaktorgebäudes weg. Am 13. März setzt auch in Reaktorblock 3 eine Kernschmelze ein, dem Kühlwasser wird wie beim Block 1 ein neutronenabsorbierende Borsäure beigefügt. Auch hier reißt eine Wasserstoffexplosion wie bei Block 1 am folgenden Tag die komplette Sicherheitshülle weg. Ebenfalls an diesem Tag um ca. 19 Uhr und 30 Minuten setzt auch die Kernschmelze im Reaktorblock 2 ein.[1][2][3][4]

Es mag den einen oder anderen an die Katastrophe von Tschernobyl[5] erinnern und die meisten haben nach „Fukushima" ihre Meinung zur Atomkraft überdacht. Am 30. Juni 2011[6] verabschiedete der Bundestag der Bundesrepublik Deutschland den endgültigen Atomausstieg[7]. Auch viele andere Länder, planen, die Atomkraft in Zukunft zu ersetzen[8][9][10]. Doch wie soll es weitergehen? Viele Kritiker sind der Meinung, dass man mit Wind- und Solarkraft kaum den gesamten Energiebedarf der Industrieländer decken könne. Doch die Lösung scheint näher, als man denkt: Es ist diese Atomkraft, die mit ihren Pannen in der

Vergangenheit und dem Problem des radioaktiven Müll die meisten ihrer Unterstützer verloren hat[11]. Wenn man „Atomkraft“ oder „Kernkraft“ sagt, dann ist dieser Begriff jedem klar, obwohl er in Wirklichkeit sehr schwammig ist: Die Kernphysiker unterscheiden nämlich zwischen der *Kernspaltung* und der *Kernfusion*. Die Kernspaltung feierte ihren Siegeszug mit der Entdeckung durch Otto Hahn im Jahre 1938. Bereits vier Jahre später wurde der erste Kernspaltungsreaktor in Betrieb genommen.[12] Nun scheint sie jedoch an das Ende ihrer Karriere angekommen zu sein. Die Kernfusion jedoch hat ihren Siegeszug vermutlich erst noch vor sich. Wobei man schon seit *ihrer* Entdeckung durch Ernest Rutherford 1919 durchgehend forscht und ebenfalls schon mehrere Versuchsreaktoren in Betrieb genommen hat. Das Militär war schneller: Mit der ersten gezündeten Wasserstoffbombe 1952 war klar, welche Kraft hinter dieser Kerntechnik stecken müsse. Wie jedoch diese Kraft kontrolliert und zu friedlichem Energiezwecke eingesetzt werden soll, ist nur schemenhaft aus den Aussagen der Wissenschaftler zu erkennen. „Die Lösung ist da, wir wissen nur noch nicht, wie sie aussieht.“ könnte eine mögliche Zusammenfassung der meisten Kommentare lauten. Aber warum ist es bei der Kernfusion so schwierig geeignete Konzepte auszuarbeiten, wohingegen die Ära der Kernspaltung schon fast wieder vorbei ist? Dafür gibt es viele Gründe. In dieser Arbeit werden einige davon aufgegriffen, später auch kritisch betrachtet und die Kernfusion mit anderen Energiegewinnungsmöglichkeiten verglichen. Doch zunächst muss geklärt werden, was die Kernfusion überhaupt ist.

2. Kernfusion

2.1 Die Grundlagen

Die Sonne zum Vorbild genommen, konzentrieren sich Wissenschaftler darauf, die physikalisch-chemischen Reaktionen der Sonne annähernd nachzuahmen und dadurch Energie zu gewinnen. Erst im 20. Jahrhundert fand man heraus, dass die von Ernest Rutherford entdeckte Kernfusion der Schlüssel zur Kraft der Sonne ist[13]. Dort läuft nämlich folgende Reaktion ab:

$$^{1}H + {}^{1}H \rightarrow {}^{2}H + e^{+} + \nu_e$$ [14]

$$^{2}H + {}^{1}H \rightarrow {}^{3}He$$

Wer sich einmal das Gewicht von zwei Protonen und dem von einem Proton und einem Neutron ansieht wird feststellen: Letzteres hat zusammen eine geringere Masse als Ersteres. Auch hat das letztendlich entstehende Helium-4 eine deutlich geringere Masse als die der

Ausgangsstoffe. Wo ist die Masse hin? Auch wenn man die weiterhin entstehenden Elementarteilchen ansieht, bleibt immer noch ein Defizit, man kann es jedoch auf Einsteins berühmte Formel zurückführen:

$E=mc^2$ [15]. Diese beschreibt die Äquivalenz von Masse und Energie. Die Masse, die verloren geht, im obigen Beispiel sind es 0,635%[16], wird in Form von Energie frei, in diesem Fall (Proton-Proton-Reaktion) konkret durch γ-Strahlen und Neutrinos. Diese werden von anderen Teilchen aufgenommen und in Licht und Wärme umgewandelt. Zunächst werden absolut gesehen 6,932 MeV umgesetzt, durch die weitere Reaktion zu Helium-4 kommen noch 12,86 MeV hinzu. Die beiden entstehenden Protonen können dann wieder eine Anfangsreaktion starten. Doch es gibt noch weitere Reaktionen, die sich aus diesen Startreaktionen ergeben, dort fusionieren dann Heliumkerne miteinander und bilden Zwischenprodukte wie etwa Lithium oder Beryllium. Aus diesem Grund gibt es auch alle Elemente, denn nach dem Urknall gab es vorwiegend Wasserstoff und Helium, dies waren die einfachsten Stoffe, die sich aus der freien Energie zusammensetzen konnten, als das Universum anfing, sich abzukühlen. Durch verschiedene Wechselwirkungen, u.a. der Gravitation verdichteten sich einige Bereiche des Universums und die ersten Kernfusionen starteten. Protonen und Neutronen wurden miteinander verschmolzen und nach und nach entstanden die Elemente bis zum Element Eisen. Dies ist kernphysikalisch betrachtet das stabilste Element[17], da die relativen Bindungskräfte aller Nukleonen am größten sind, vor allem die starke Wechselwirkung hat hier großen Einfluss auf die Stabilität[18]. Wenn Eisen fusioniert wird, dann sind diese Reaktionen immer endergon, es muss also Energie hinzugefügt werden. Dies äußert sich in der Instabilität der Kerne, die an sich mehr Energie tragen und damit der starken Wechselwirkung entgegenwirken[19]. Technetium ausgenommen, beginnt die Reihe der radioaktiven Elemente mit Polonium, hier gibt es kein Isotop mehr, bei dem die Bindungsenergie groß genug ist, um den Kern dauerhaft zusammen zu halten.

Diese Mehr-Energie wird bei der Kernspaltung dann freigesetzt.

Ein weiteres Verfahren, dass in (größeren) Sternen stattfindet ist der sog. Bethe-Weizsäcker-Zyklus, bei dem verschiedene Sauerstoff-, Kohlenstoff- und Stickstoffisotope beteiligt sind, ineinander übergeführt werden und dabei zwischen den Schritten Positronen, Neutrinos und Gamma-Photonen freisetzen. Die Energie wird dem Zyklus durch das Fusionieren mit Protonen gegeben.

Um diese Reaktionen künstlich auf der Erde durchzuführen, werden Temperaturen von ungefähr 100 Millionen Kelvin benötigt, dabei muss der Druck allerdings ausreichend hoch sein. Für die Sonnen-Reaktionen beträgt die Masse ca. 142 Quadrilliarden Kilogramm, das sind 7% der Sonnenmasse. Im Vergleich dazu: Die Deuteriumfusion benötigt „nur" noch 24 Quadrillionen Kilogramm zur Zündung[20].

Die heutige Technik beschäftigt sich mit der Deuterium-Tritium-Fusion[21], da diese nahezu optimale Voraussetzungen besitzt: Niedriger Druck, moderate Temperaturen, kurze Einschlusszeiten und größter Wirkungsquerschnitt aller Deuterium-Fusionen. Also gibt diese Reaktion bei geringem Volumen und damit Teilchenzahl die größte Menge an Energie ab (ca.17,6 MeV[22]). Auf der anderen Seite muss wenig Energie in das System geführt werden, denn die Coulombbarriere liegt für Ionen mit geringer Elementarladung höher, also ist sie für Wasserstoffisotope am geringsten. Denn aufgrund der positiven Ladung der Atomkerne stoßen diese sich bei einer Annäherung sofort wieder ab. Weniger Ladung bedeutet weniger Abstoßung, also benötigen die Teilchen weniger Energie. Ein weiterer wichtiger Effekt im Aspekt der Coulombbarriere ist der Tunneleffekt, der es Teilchen mit zu geringer (kinetischer) Energie ermöglicht, trotzdem nahe genug an einen anderen Kern heranzukommen, um mit ihm zu fusionieren. Denn wenn der Abstand auf unter einem Femtometer fällt, bindet die starke Wechselwirkung die Nukleonen aneinander. Dazu ein Modell: Ein Ball liegt in einer Dachrinne. Um ihn auf den Boden zu bekommen, muss man ihn erst ein Stückchen anheben, bevor die Gravitation ihn anziehen und beschleunigen kann. Auch bei 5 Millionen Bällen wird keiner durch die Dachrinne hindurch fallen, jedes Mal muss der Ball ein Stückchen höher gehoben werden. Da kleinste Teilchen nach der Quantenphysik jedoch auch einen Wellencharakter haben, ist es für sie möglich in einem geringen Maße diese Potentialbarriere zu durchbrechen. Wenn es diesen Effekt nicht geben würde, wäre es so gut wie unmöglich, genug Energie in das System zu führen, damit genügend Teilchen eine ausreichend hohe Geschwindigkeit haben.

Wenn man nun ein Deuterium-Tritium-Gemisch auf ca. 100 Mio. °C aufheizt, dann bleibt hauptsächlich nur noch ein Problem übrig: Es gibt keinen Stoff der bei einer Berührung mit einem so heißem Gemisch die Wärme nicht sofort aufnehmen würde, man muss dieses Gemisch also von den Wänden des Reaktors fernhalten. Dies ist ein Problem, mit dem sich die Wissenschaft schon lange beschäftigt. Es haben sich zwei Prinzipien herausgestellt die relativ kostengünstig umgesetzt werden könnten. Diese sollen im Folgenden genauer erläutert werden.

2.2 Die Reaktoren

2.2.1 Der Tokamak

Der Name kommt aus den Russischen und bedeutet so viel wie „toroidale Kammer in Magnetspulen“[23]. 1952 wurde das Prinzip von zwei russischen Physikern entwickelt[24].

Will man ein Deuterium-Tritium-Gemisch (DT-Gemisch) zünden, so muss man es erhitzen. Dabei wird den Elektronen so viel Energie hinzugefügt, dass diese sich aus der Atomhülle lösen und sich frei herum bewegen. Da es von diesem Zeitpunkt an keine Atome sondern nur noch Ionen und Elektronen gibt, nennt man das Gemisch Plasma. Doch selbst wenn man den Plasma-Zustand erreicht hat, so zündet dieses noch nicht automatisch. Zunächst einmal muss es „in der Luft“ festgehalten werden. Hier setzt das Prinzip des Tokamaks an: Da in dem Plasma nur noch geladene Teilchen vorhanden sind, kann man die Lorentz-Kraft mithilfe von Magnetspulen sinnvoll einsetzen[25]. Dabei wird über äußere Magnete ein elektromagnetisches Feld induziert, welches eine Kraft auf die Elektronen bzw. Atomkerne ausübt. Die „torusförmig“ angeordneten Magnetspulen halten die Teilchen auf den Bahnen der Magnetfeldlinien, die toroidal verlaufen. Jedoch würden die äußeren Teilchen mit der Zeit einen nach außen gerichteten Drift bekommen, da die Feldstärke antiproportional zum Radius ist, weshalb man auch ein poloidales Feld erzeugen muss, das diese Teilchen spiralförmig zurück in das Innere des Plasmas zieht[26]. Wegen der Orthogonalität eines elektromagnetischen Feldes muss der Strom also parallel zum Plasma laufen. Der Einfachheit halber wird der Strom direkt durch das Plasma geleitet. Natürlich kann man keine Leitungen in das Plasma führen, es würde das Plasma sofort auskühlen, daher nutzt man den Induktiv-Effekt eines Transformators[27]. Mehrere Leitungen bzw. Spulen werden torusförmig um den Reaktor gelegt. Im Zentrum befindet sich die stärkste Spule. Das Reaktorgehäuse wirkt als Metallkern, das Plasma ist in diesem Sinne die Sekundärspule in die die Spannung induziert wird. Da die Spannung bzw. der Strom nur in eine Richtung orientiert sein darf, muss man den Strom an den Primärspulen kontinuierlich erhöhen (bzw. senken). Denn nur bei einer *Änderung* der magnetischen Flussdichte wird auch an der Sekundärspule eine Spannung/ ein Strom induziert. D.h., dass ein poloidales Feld nur endlich lang aufrechterhalten werden kann. Danach muss die Spannung wieder auf 0 gesenkt werden. In dieser Zeit kann keine Fusion stattfinden. Hier findet sich auch die Schwachstelle des Tokamaks: Er kann nur einen pulsierenden Betrieb führen[28].

2.2.2 Der Stellarator

1951 wurde dieser Reaktortyp von Lymann Spitzer entwickelt[29]. Obwohl Spitzer unabhängig von den Forschungen des Tokamaks sein Reaktorprinzip erfand, scheint es als versuche der Stellarator genau das Hauptproblem des Tokamaks zu umgehen[30]. Das Grundprinzip ist ähnlich dem des Tokamaks und auch die Form ist torusförmig. Der Unterschied besteht in dem magnetischen Feld, mit dem das Plasma eingeschlossen wird.

Doch ganz genau so wie beim Tokamak ist der Aufbau nicht, denn der axialsymmetrische Torus würde bei den toroidalen (also toroidal induzierenden) Magnetspulen trotzdem ein Magnetfeld besitzen, das einen Teilchen-Drift nach außen zulässt. Deshalb hat jede Magnetspule eine spezielle Form[31] und was auf dem ersten Blick wie eine wild zusammengestellte Form aussieht[32], unterliegt einer höchst präzisen und auf mathematischer und physikalischer Grundlage berechneten Symmetrie. Denn zum Ausgleich der ungleichen Feldstärken müssen andere Felder induziert werden, so dass das eine Magnetfeld in das andere übergreift. Auch hier werden die nach außen gerichteten Kräfte durch nach innen gerichtete Felder ausgeglichen. Dies war jahrelang das Problem des Stellarators: Die große Genauigkeit, die dabei erforderlich ist. Selbst bei genausten Vorgaben entstehen trotzdem chaotische Bereiche im Plasma, bei denen man keine Vorhersage auf ihre Interaktionen machen kann und die man auch nicht beseitigen kann, lediglich ihren Raum kann man auf ein Minimum senken. In modernen Stellaratoren verwendet man eine periodisch wiederkehrende Anordnung einer bestimmten Spulen-Folge. Dabei gilt im Allgemeinen die Deckung bei einer $\frac{2\pi}{F}$ -Drehung[33], F gibt die Anzahl der Perioden wieder. Neben diesen werden auch ebene Spulen (wie beim Tokamak) und helixförmige Leiter eingesetzt, die ein weiteres poloidales Feld aufbauen. Mittlerweile kann man mit Computerprogrammen die Form des Plasmas und damit die Anordnung der Spulen genau berechnen. Auch die Genauigkeit der Produktion nimmt zu und man hat entdeckt, dass Fehler im Feld schnell durch andere Spulen ausgeglichen werden können. Man kann also nach eigenem Belieben und unter Effizienz-Aspekten verschiedenste Bauformen nutzen, deshalb werden diese auch „Optimierte Stellaratoren" genannt.[34][35]

2.2.3 Die Technik

Beide Reaktortypen funktionieren auf Basis von Magnetspulen. Würde man diese standardmäßig aus Kupfer herstellen, läge der Stromverbrauch bei über 700 Megawattstunden[36]. Aus diesem Grund werden zukünftige Reaktoren aus Supraleitern bestehen[37], also Metallen bzw. Legierungen, die bei Temperaturen von knapp über dem absoluten Nullpunkt einen Widerstand von fast 0 Ω besitzen[38]. Mit dieser Methode senkt sich die benötigte Leistung auf ein Minimum. Denn um das nötige Magnetfeld von über 6 Tesla[39] zu erzeugen, muss ein Strom von über 17.600 Ampère angelegt werden[40]. Dafür werden die Niob-Zinn-Leitungen auf 4 Kelvin (-269,15 °C) abgekühlt. Eine Möglichkeit zur Realisierung ist, die Drähte mit Aluminium zu ummanteln und Hohlräume zwischen den Drähten zu lassen, durch welche später das flüssige Helium fließen kann. Dann werden diese Leitungen mit Glasfaser im Verbund zusammengehalten.

Ein weiteres Problem, das bis jetzt kaum angesprochen wurde, ist die Realisierung der Plasmaheizung, denn bevor überhaupt eine Zündung stattfinden kann, muss das Plasma eine bestimmte Temperatur erreichen.

In diesem Fall hat der Tokamak sogar schon eine eingebaute Heizung[41]: Das Plasma, denn es fungiert ja als Sekundärspule[42] des Transformators und leitet Strom. Da das Plasma aber einen Widerstand hat, fällt Spannung an ihm ab und wird in Wärmeenergie umgewandelt. Diese Wärmeenergie ist dann ein Teil der Startenergie für die Zündung. Das Problem ist nur, dass die Leitfähigkeit eines Plasmas mit steigender Temperatur zunimmt. Mathematisch lässt sich dieses Phänomen auch durch die Spitzer-Formel beschreiben:

$$\sigma \approx \frac{\dfrac{64 * \sqrt{\dfrac{1}{8\pi}}}{2{,}6 \cdot 10^{-38} * 9{,}5 \cdot 10^{-16}} * 5{,}1 \cdot 10^{-35} \sqrt{T^{3}}}{\ln \Lambda}$$ [siehe Link][43]

Dabei ist Sigma die elektrische Leitfähigkeit in $\frac{S}{m}$, $\ln \Lambda$ der dimensionslose Coulomb-Logarithmus (angenähert) und T die Temperatur in Kelvin. Aus einer Erhöhung der Temperatur folgt ein größerer Wert für Sigma, die Leitfähigkeit steigt, der Widerstand sinkt, die ohmsche Heizung läuft gegen einen Grenzwert. Im Teilchen-Modell lässt sich dies mit der Tatsache erklären, dass die thermische Energie durch die kinetische Energie der Teilchen bedingt ist[44]. Da die Teilchen in einem Plasma vollständig ionisiert sind und auf der anderen Seite freie Elektronen vorhanden sind, werden beide Teilchensorten bei Erhöhung der Temperatur beschleunigt (im Falle der Kernfusion auf der Erde sogar gleich stark). Im Normalfall lenken sich diese Teilchen gegenseitig ab, wobei die Elektronen eine stärkere Ablenkung erfahren als die positiv geladenen Teilchen. Bei einer größeren kinetischen

Energie ist die Ablenkung jedoch geringer, da der Impuls der Anziehung entgegenwirkt. Um es einmal umgangssprachlich zu formulieren, haben die Elektronen „das Ziel fester vor Augen“[45]. Der Radius um die Elektronen herum, in dem sie mit anderen Teilchen wechselwirken, wird geringer und da der Coulomb-Logarithmus als Annäherung an diesen Radius verstanden wird, verringert sich dementsprechend der Nenner im zweiten Bruch, der Wert ist antiproportional zur Temperatur. Deshalb haben schon geringe Erwärmungen einen großen Einfluss auf die Leitfähigkeit des Plasmas[46].

Beim Stellarator fängt man sogar noch einen Schritt früher an: Man hat zu Anfang überhaupt gar keine Plasmaheizung. Jedoch werden auch hier die gleichen Techniken wie beim Tokamak verwendet, um das Plasma auf die benötigten 100 Millionen Grad zu erwärmen.

Eine Möglichkeit ist die Hochfrequenzheizung, bei der elektromagnetische Wellen in bestimmten Frequenzen auf das Plasma gerichtet werden. Dabei erfahren die Teilchen zusätzliche Energie und da sie in den elektromagnetischen Feldlinien gefangen sind, können sie nicht ausbrechen, sondern sich nur in Kreisbewegungen um diese Feldlinien herumbewegen. Trotzdem führt diese Bewegung entlang des elektrischen Feldes zu einer Erwärmung des Plasmas[47].

Eine andere Möglichkeit der Erwärmung ist die sog. Neutralteilcheninjektion[48]. Damit die Teilchen eine ausreichend große Bewegungsenergie besitzen, müssen sie zunächst als Ionen beschleunigt werden, dann neutralisiert werden und erst dann in das Plasma geleitet werden. Ansonsten würden die Ionen vom Magnetfeld beeinflusst und abgelenkt werden[49].

Eine weniger untersuchte Möglichkeit ist die Plasmakompression, bei der das Magnetfeld der toroidal induzierenden Spulen nach dem Einfüllen des Gases erhöht wird, das entstehende Plasma also eine stärkere Kraft in das Querschnitts-Zentrum erfährt und der Druck folglich steigt. Dabei nimmt nicht nur die Temperatur zu, sondern auch die Dichte, die für den Wirkungsquerschnitt der Reaktion von großer Bedeutung ist. Im Falle der Injektion und der Mikrowellenheizung werden Teilchen im Plasma in Bewegung gesetzt, wobei diese wiederum weitere Teilchen anstoßen und sich die Energie im gesamten Plasma verteilt[50].

3. Der Ausweg aus der Energiekrise

3.1 Alternativen

Neben den Forschungen an Stellarator und Tokamak wird auch noch die Trägheitsfusion untersucht. Bei dieser wird das Gas in einen kleinen Reaktorkessel mit stabiler Außenwand gefüllt und dann durch Strahlung soweit erhitzt, bis Druck und Hitze zur Expansion und folglich Implosion führen, dabei wird das Plasma so heiß, das es zündet und kurze Zeit lang Wärme abstrahlt. Diese kann dann wie bei den anderen Techniken dazu verwendet werden, Wasser zu erhitzen und Turbinen anzutreiben. Jedoch besteht bei dieser Technik das Problem, dass trotz einiger Tests keine nennenswerten Ergebnisse erzielt wurden, somit wird an keinem größeren oder gar internationalem Institut an dieser Technik geforscht. Dabei könnte diese Methode in naher Zukunft schon Energie liefern und sei es nur im Labor. Man müsste dafür lediglich die Bestrahlungsmethoden besser erforschen und da die Lasermethode aufgrund ihrer niedrigen Effizienz mittlerweile aufgegeben wurde, könnte man weitere Forschungen noch auf die Schwer- bzw. Leichtionenbestrahlung richten. Möglicherweise könnten dann erste dieser „Mini-Reaktoren" hergestellt werden und kommerziell verwendet werden. Denn rein theoretisch liegen schon Ergebnisse vor: Es ist genau die Technik, die auch in Wasserstoffbomben verwendet wird. Man kann bis jetzt keine Aussagen auf zukünftige Ereignisse bezüglich der Erforschung dieser Technik machen, da kein Institut etwas entsprechendes bis zum Verfassen dieser Facharbeit in Aussicht stellt[51].

Eine andere Alternative ist die sog. „kalte Fusion". Bis jetzt gab es keinen offiziellen, geprüften Versuch, mit dem bestätigt werden konnte, dass es die „kalte Fusion" gibt. Diese wurde von Martin Fleischmann und Stanley Pons „erfunden". Sie behaupteten 1989, eine Fusionsreaktion durchgeführt zu haben, ohne das Plasma komprimieren oder erhitzen zu müssen. Und obwohl ihre chemische Lösung nicht wiederholt werden konnte, wird der Begriff weiterhin für eine nicht-thermische Fusionsreaktion benutzt[52]. Heutzutage bezeichnet man mit diesem Begriff eine myonen-katalysierte Fusionsreaktion. Myonen sind Elementarteilchen, die dem Elektron sehr ähnlich sind, gleiche Ladung haben und zu den Leptonen gehören, jedoch eine deutlich höhere Masse als die Elektronen aufweisen[53]. Sie werden unter Energieaufwand erzeugt und in ein DT-Gemisch geschossen. Dabei ersetzen sie ein Elektron in einem Wasserstoffmolekül und verringern durch ihre hohe Masse die Größe der Elektronenhülle bzw. erhöhen die Bindung zwischen Deuterium und Tritium, welche daher leichter fusionieren. Diese anschließende Reaktion findet zwar auch bei „hohen" Temperaturen statt, jedoch deutlich niedriger als bei „normalen" Fusionsreaktionen, nämlich bei ungefähr 1000°C. Durch den Tunneleffekt würde es jedoch auch schon reichen, die Versuche bei Zimmertemperatur durchzuführen, jedoch mit deutlich geringerer Effizienz. Auch dieses Verfahren ist nicht erfolgversprechend, da die Myonen mit einer bestimmten

Wahrscheinlichkeit im entstehenden Heliumkern bleiben und damit nicht die maximal 100 Reaktionen katalysiert, die rein theoretisch in der Lebenszeit eines Myons liegen. Obwohl diese Wahrscheinlichkeit sehr gering ist, reicht sie aus, um die „entstehende" Gesamtenergie so weit zu senken, dass sie statistisch gesehen unter dem des Aufwandes zur Herstellung eines Myons liegt. Damit ist dieses Verfahren ineffizient.

Ein Verfahren, dass zur Zeit oft in den Medien auftaucht, ist die Sonofusion, bei der Schallwellen erzeugt und auf schweres Wasser (D_2O) gerichtet werden. Durch die Wellen sollen bestimmte Bereiche den nötigen Druck und die Temperatur erreichen und dann fusionieren und Wärme abgeben. Allerdings fehlen auch hier ausreichend gesicherte wissenschaftliche Experimente und Nachforschungen.

Die meisten scheinbaren „kalten Fusionen" haben schon in der Theorie keinen Anspruch auf Existenz, denn nach dem sog. Lawson-Kriterium muss ein Fusionsgemisch folgende Eigenschaften besitzen:

$$n * \tau * T = 6 \cdot 10^{28} * \frac{s * K}{m^3}$$

n steht für die Teilchendichte, die in etwa proportional zu der Dichte des Plasmas beim magnetischen Einschluss ist. τ ist die Einschlusszeit in Sekunden, die wiedergibt, wie lange das Plasma zusammengehalten wird. T ist die absolute Temperatur. Genauso wie die Teilchendichte steht dieser Faktor für die Wahrscheinlichkeit, dass zwei Kerne aufeinanderstoßen und dann auch fusionieren. In den momentan existierenden Reaktoren ist der Druck relativ gering. In der Sonne wird der hohe Druck durch die eigene Gravitation erzeugt, die Temperatur liegt bei solchen Drücken bei ca. 10 Millionen Grad, bei dem Druck in den Reaktoren ist eine Temperatur von 100 Millionen Grad notwendig. Der letzte wichtige Punkt ist die Frage: Wie lange kann man das Plasma einschließen, d.h. wie lange läuft die Reaktion. Vor allem beim Tokamak-System ist dieser Faktor relevant[54].

3.2 Die Probleme

Gerade das Lawson-Kriterium zeigt die Probleme in der heutigen Forschung auf. In erster Linie kann die Einschlusszeit bei kaum einem Reaktor lange genug gehalten werden, um effizient zu arbeiten. Genau genommen hat bis heute kein Versuchsreaktor eine Zündung von Wasserstoffplasma verzeichnet. Mit Zündung ist jedoch nicht nur das Brennen des Plasmas, sondern auch die kontinuierliche Fortführung der Fusion gemeint, d.h., dass der Prozess wie in der Sonne in einer Kettenreaktion verläuft. Mit dem Tokamak ITER[55] soll dies aber erstmals gelingen[56]. Es ist geplant, dass dieser 2019 beginnt, Wasserstoff-Plasmen zu zünden und mehr Energie zu gewinnen als in das System gesteckt wird. Sollte dies nachgewiesen werden, wird das Projekt DEMO genauer ausgearbeitet werden. DEMO ist ein zukünftiges Fusionskraftwerk, dass erstmals Energie für kommerzielle Zwecke erzeugen soll. Sollte DEMO wirklich gebaut werden, ist die Ära der Kernfusion eingeleitet. Doch Wissenschaftler setzen den Anfang dieser Ära auf das Jahr 2050. Die benötigte Energie wird voraussichtlich 70-80 Megawatt betragen, die Fusion soll jedoch 500 Megawatt Energie erbringen, das ist mehr als das sechsfache des „Stromverbrauchs“[57].

Ein anderes Problem sind die Baukosten. ITER soll zum Beispiel schon mehrere Milliarden Euro gekostet haben und der Unmut wächst, denn die Anlage befindet sich gerade mal im Anfangsstadium des Baus. Denn nicht nur die Fusions-Technik[58][59] muss dafür entwickelt und realisiert werden, sondern auch die weiteren Gebäudekomplexe, wie Steuerungsräume, Diagnoseräume, Forschungs- und Verarbeitungsgebäude. Das Gesamtgelände wird eine Größe von über 180 Hektar besitzen[60][61].

In den Medien wird oft die Frage gestellt: Wo soll man die Rohstoffe für das Plasma hernehmen? Bei den meisten Menschen herrscht noch die Meinung vor, dass auch die Kernfusion mit Uran arbeitet, doch wird, wie oben erwähnt, die Energie mit Deuterium-Tritium-Plasmen erzeugt[62]. Wie man Protium technisch herstellt ist gar keine Frage, doch beim Deuterium wird es etwas komplexer. Man muss Meerwasser in große Anlagen überführen, die nach dem sog. „schweren Wasser“ Ausschau halten, das sind Wassermoleküle, die statt Protium Deuterium-Atome besitzen. Diese müssen extrahiert und über weitere Verfahren, beispielsweise Elektrolyse, in Deuteriumgas umgewandelt werden[63]. Zwar ist dieser technische Aufwand unumgänglich, jedoch arbeitet er sehr effektiv und kann unbegrenzt Deuterium bereitstellen. Das größte Problem bildet die Bereitstellung von genügend Tritium. Tritium ist ein kaum natürlich vorkommendes Isotop und muss deswegen künstlich erzeugt werden. In den meisten Fällen ist der Energieaufwand hierfür sehr hoch. Eine Extraktion aus der Atmosphäre wäre zu ineffizient, da der Anteil von Tritiumverbindungen relativ gering ist, zumal dieses Isotop eine Halbwertzeit von gerade mal 12 Jahren besitzt. Ein technisches Verfahren ist die Fission von Lithium-7, wobei neben Helium-4 auch ein Tritium-Atom entsteht[64]. Es gibt zwei Möglichkeiten dieses Verfahren zu realisieren: Einmal kann man Tritium in einem speziell dafür angelegten Brutreaktor herstellen und anreichern. Die andere Möglichkeit bietet jedoch mehr Vorteile, sie besteht darin, direkt in einem Fusionsreaktor Lithium-Platten einzubauen. Da einige Plasma-Teilchen immer aus dem Plasma heraus fliegen und diese abgefangen werden müssen, kann man dafür sofort sog. Lithium-Blankets[65][66] oder auch teilweise Lithium-beschichtete Divertoren einsetzen, welche diese Teilchen (vor allem schnelle Neutronen) auffangen und wieder Tritium freigeben. Dabei müssen diese Platten aufgrund der exothermem Fission nicht nur ständig gekühlt werden, sondern man benötigt auch noch externe Neutronenzufuhr, um genügend Tritium herstellen zu können, denn der Großteil der Neutronen bleibt im Plasma und sorgt für die benötigte Temperatur[67]. Daher erprobt man den zusätzlichen Einbau von Beryllium-Platten[68], denn bei einer Beryllium-Fission entstehen doppelt so viele Neutronen wie benötigt werden. Jedoch ist dieser Prozess endotherm, benötigt also auch Energiezufuhr.

Trotz der aktuellen Forschungen kann die Wissenschaft noch keine kommerziellen Möglichkeiten zur Tritium-Herstellung liefern. Bis dahin werden Reaktoren mit reinen Deuterium-Plasmen arbeiten, ITER soll zum Beispiel erst im Jahr 2027[69] mit einem DT-Plasma arbeiten. Es ist unumgänglich, solche Plasmen zu benutzen, denn eine Deuterium-Tritium-Fusion besitzt nicht nur den größten Wirkungsquerschnitt, sondern erzeugt mit ca. 17,6 MeV ungefähr fünf mal mehr Energie pro Reaktion als eine DD-Fusion.

3.3 Gefahren

Nach Tschernobyl und Fukushima steht die Kernenergie großer Kritik gegenüber. Dabei besitzt die Kernfusion viel weniger Gefahren, selbst bei einem Super-GAU scheinen die Folgen längst nicht so weitreichend zu sein, wie bei der Kernspaltung.

Die Wasserstoffbombe: Die bisher mächtigste Bombe mit einem Äquivalent von über 50 Millionen Tonnen TNT (Zar-Bombe)[70][71] beruht auf gerade der Reaktion, um die es in dieser Facharbeit geht. Solche Bomben bestehen aus einem kleinen Fissions-Sprengsatz und dem eigentlichen Fusions-Teil. Jede Forschung, die auf diesem Gebiet betrieben wird, kann auch zu militärischen Zwecken dienen. Vor allem die Forschung der Trägheitsfusion liefert für Wasserstoffbomben relevante Ergebnisse, zeigt wie man noch effektiver Plasmen erzeugen und diese möglichst komplett ausbrennen lassen kann. Genauso wie Otto Hahn einst die Kernfusion als „perfekte“ Energiequelle sah und umso mehr durch die Katastrophe in Hiroshima und Nagasaki enttäuscht wurde, kann es in zukünftigen Kriegen Missbrauch dieser Technologie geben. Allein die USA und die Russische Föderation sind im Besitz von insgesamt 3000[72] Nuklear-Sprengköpfen. Von orientalischen und arabischen Staaten weiß man über große Nuklearwaffen-Depots.

In dieser Hinsicht stellt die Kernfusion eine Gefahr dar und dazu eine deutlich größere als die Kernspaltung.

Der Abfall: Bei der Kernspaltung entstehen über 200[73] verschiedene Spaltprodukte. Über die Hälfte davon sind radioaktive Produkte, die Halbwertzeiten von mehreren Millionen Jahren haben. Außerdem werden die Brennstabs-Ummantelungen durch den ständigen Neutronen-Beschuss ebenfalls radioaktiv. Allein im Jahr 2010 fielen in Deutschland über 108.733 m^3 an radioaktiven Müll an, hinzu kommen 375 t an radioaktiven Brennstabs-Hüllen[74]. Momentan gibt es in Deutschland noch kein offizielles Endlager, in Amerika werden einige Tonnen jährlich verbrannt, einige Wissenschaftlern fordern die Entsorgung im Weltraum. All diese Diskussionen entfallen bei der Kernfusion. Die einzigen (in größerer Menge anfallenden) radioaktiven Teile sind die Blanket-Platten und Divertor-Teile[75], also Objekte, die in „direktem" Kontakt mit dem Plasma stehen, bzw. mit seinen heraus fliegenden Teilchen[76]. Diese müssten allerdings aufgrund der geringen Neutronenbilanz nur kurzfristig gelagert werden, da nur geringe Mengen an radioaktiven Isotopen entstehen. Man schätzt die Lagerung auf rund 100 Jahre bis alle instabilen Isotope zu stabilen zerfallen sind[77]. Deutlich anders als bei der heutigen Kernspaltung sind jedoch keine der Reaktionsprodukte radioaktiv. Wenn man das Plasma sehr rein hält, kann man davon ausgehen das lediglich Helium-4 und geringere Mengen Helium-3 entstehen, sowohl als Fusionsprodukt als auch als „Rest" des Tritium-Brütens. Dieses Isotop ist stabil und ungefährlich für die Umwelt, daher kann es nach kurzer Reinigung in die Umgebungsluft entlassen werden. Damit erledigen sich die Probleme einer etwaigen „Endlagerung"[78].

Super-GAU: Die Gefahren einer Kernschmelze existieren bei der Fusion nicht, da sie kein eigenständiger Prozess ist, sprich, sie benötigt laufend Stabilisierungen von außen, u.a. Magnetfelder um nicht auszukühlen. Somit sind Überhitzungen oder Explosionen ausgeschlossen. Selbst unter der Annahme, der Reaktor könnte zerstört werden, zum Beispiel durch einen Terror-Angriff, sind langfristige Folgen wie bei den Katastrophen von Tschernobyl und Fukushima so gut wie unmöglich, denn aufgrund der extrem niedrigen Dichte[79] und dem großen Volumen eines Plasmas befinden sich in den Reaktoren gerade einmal wenige Gramm an DTGemischen (0,5 Gramm bei ITER). Mit einer Halbwertszeit von 12 Jahren ist Tritium relativ harmlos. Selbst im Falle eines Super-GAUs würde das umliegende Gebiet so gut wie gar nicht kontaminiert werden (zum Vergleich: Es befinden ungefähr 3,5 kg auf der gesamten Erdoberfläche verteilt[80].).

4. Fazit

Wie sich in den technischen Erläuterungen dieser Facharbeit zeigt, gibt es bis heute keine funktionierenden Reaktoren, an denen man die Effizienz der Kernfusion zeigen könnten. Bis zur Ära der Kernfusion wird es noch viele Jahre Forschung brauchen, um Energie aus dieser Sparte der Kernkraft zu gewinnen und kommerziell zu benutzen. Man würde ungefähr den gleichen Energieertrag wie der der Kernspaltung haben, vermutlich sogar noch etwas mehr. Doch die Vorteile der Kernfusion liegen auf der Hand: Eine viel höhere Sicherheit, keine Lagerprobleme und keine Umweltschäden. Auf der anderen Seite stehen in jedem Fall die enormen Kosten und obwohl diese ungefähr in der gleichen Größenordnung wie bei Kernspaltungskraftwerken liegen, muss man noch die Kosten der Forschung bis zum „Jahre 2050" berücksichtigen, wobei es auch rein theoretisch zum Ergebnis kommen kann, dass Kernfusion mit den heutigen Standards eine ineffiziente Energiequelle darstellt. Man kann nicht sagen, was die Zeit ergibt, sich höchstens auf Theorien verlassen, doch sollte es wirklich möglich sein, Kernfusionskraftwerke zu bauen und als Hauptenergiequelle zu nutzen, so lautet die Antwort: Ja, die Kernfusion ist ein Ausweg aus der Energiekrise. Sie wäre politisch und ökologisch vertretbar und liefert unbegrenzt Energie. Man müsste sich nicht mehr auf fossile Energieträger oder die klassische Atomkraft verlassen, könnte einen neuen Pfeiler errichten und könnte sogar teilweise auf regenerative Energiequellen verzichten. Die Kernfusion ist nachhaltig und schützt nicht nur den Planeten, sondern auch den Menschen.

Anhang

Endnoten

[1]siehe dazu auch Abbildung 1

[2]vgl. http://de.wikipedia.org/wiki/Chronik_der_Nuklearkatastrophe_von_Fukushima

[3]vgl. http://de.wikipedia.org/wiki/T%C5%8Dhoku-Erdbeben#Geophysik

[4]vgl. http://de.wikipedia.org/wiki/Kernkraftwerk_Fukushima_Daiichi

[5]siehe dazu auch Abbildung 2

[6]vgl. http://de.wikipedia.org/wiki/Atomausstieg#Deutschland

[7]Hamm, Host: Ein Jahr nach Fukushima – Immer mehr Länder planen den Ausstieg - In: natur+kosmos 3/2012, S. 18 f.

[8]siehe dazu auch Abbildung 3

[9]vgl. Hamm, Host: Ein Jahr nach Fukushima – Immer mehr Länder planen den Ausstieg - In: natur+kosmos 3/2012, S. 18 f.

[10]Neben den schon ausgestiegenen Ländern Österreich und Italien stoppen weitere Länder wie die Schweiz, Belgien oder Großbritannien alle weiteren Baupläne für KKWs. Obwohl die USA, Frankreich und China nicht sofort den Atomausstieg beschließen wollen, haben diese Länder über 75% ihrer zukünftigen Aufträge abgesagt. Auch hier wollen die Regierungen striktere Sicherheitsstandards einführen.

[11]Hamm, Host: Ein Jahr nach Fukushima – Immer mehr Länder planen den Ausstieg - In: natur+kosmos 3/2012, S. 18 f.

[12]vgl. http://de.wikipedia.org/wiki/Kernenergie

[13]siehe dazu auch Abbildung 4

[14]siehe dazu auch Abbildung 5

[15]vgl. Raeder, Jürgen u.a.: Kontrollierte Kernfusion. Grundlagen ihrer Nutzung zur Energieversorgung, Stuttgart 1981, S. 1

[16]vgl. http://de.wikipedia.org/wiki/Proton-Proton-Reaktion

[17]vgl. Raeder, Jürgen u.a.: Kontrollierte Kernfusion. Grundlagen ihrer Nutzung zur Energieversorgung, Stuttgart 1981, S.1 f.

[18]siehe dazu auch Abbildung 6

[19]vgl. Friedberg, Jeffrey P.: Plasma physics and fusion energy, Cambridge 2007, S. 21

[20]siehe dazu auch Abbildung 7

[21]siehe dazu auch Abbildung 8

[22]vgl. http://de.wikipedia.org/wiki/Proton-Proton-Reaktion

[23]vgl. http://de.wikipedia.org/wiki/Tokamak

[24]siehe dazu auch Abbildung 9

[25]vgl. Friedberg, Jeffrey P.: Plasma physics and fusion energy, Cambridge 2007, S. 86

[26]ebd. S. 93

[27]siehe dazu auch Abbildung 10

[28]siehe dazu auch Abbildung 11

[29]vgl. http://de.wikipedia.org/wiki/Stellarator

[30]siehe dazu auch Abbildung 12

[31]siehe dazu auch Abbildung 13

[32]siehe dazu auch Abbildung 14

[33]vgl. http://de.wikipedia.org/wiki/Stellarator

[34]vgl. http://de.wikipedia.org/wiki/Stellarator

[35]siehe dazu auch Abbildung 15

[36]vgl. http://www.efda.org/faq/new-what-is-the-resistive-loss-power-and-total-for-each-pulse-in-the-toroidal-coil-magnet-coils/

[37]vgl. Friedberg, Jeffrey P.: Plasma physics and fusion energy, Cambridge 2007, S. 86

[38]siehe dazu auch Abbildung 16

[39]vgl. http://www.babcocknoell.de/de/supraleitende-nichtplanare-modulfeldspulen-fuer-wendelstein-7-x.52.html

[40]vgl. Schumacher, Uwe: Fusionsforschung. Eine Einführung, Darmstadt 1993, S. 75

[41]vgl. Friedberg, Jeffrey P.: Plasma physics and fusion energy, Cambridge 2007, S. 86

[42]vgl. Schumacher, Uwe: Fusionsforschung. Eine Einführung, Darmstadt 1993, S. 47

[43]vgl. http://www.sprott.net/science/physik/taschenbuch/daten/kap_16/node10.htm

[44]vgl. Raeder, Jürgen u.a.: Kontrollierte Kernfusion. Grundlagen ihrer Nutzung zur Energieversorgung, Stuttgart 1981, S. 1

[45]vgl. Schumacher, Uwe: Fusionsforschung. Eine Einführung, Darmstadt 1993, S. 32

[46]A.a.O.

[47]ebd. S. 33

[48]ebd. S. 32

[49]vgl. Raeder, Jürgen u.a.: Kontrollierte Kernfusion. Grundlagen ihrer Nutzung zur Energieversorgung, Stuttgart 1981, S. 95

[50]vgl. Schumacher, Uwe: Fusionsforschung. Eine Einführung, Darmstadt 1993, S. 32

[51]vgl. http://de.wikipedia.org/wiki/Tr%C3%A4gheitsfusion

[52]vgl. http://www.spiegel.de/wissenschaft/technik/0,1518,801836,00.html

[53]vgl. http://de.wikipedia.org/wiki/Myon

[54]vgl. http://www.ipp.mpg.de/ippcms/de/pr/exptypen/tokamak/index.html

[55]siehe dazu auch Abbildung 17

[56]siehe dazu auch Abbildung 18

[57]vgl. http://www.ipp.mpg.de/ippcms/de/pr/forschung/iter/stand/index.html

[58]siehe dazu auch Abbildung 19

[59]siehe dazu auch Abbildung 20

[60]siehe dazu auch Abbildung 21

[61]vgl. http://www.iter.org/factsfigures

[62]vgl. Raeder, Jürgen u.a.: Kontrollierte Kernfusion. Grundlagen ihrer Nutzung zur Energieversorgung, Stuttgart 1981, S. 165

[63]ebd. S. 278

[64]vgl. Friedberg, Jeffrey P.: Plasma physics and fusion energy, Cambridge 2007, S. 93

[65]siehe dazu auch Abbildung 22

[66]vgl. Friedberg, Jeffrey P.: Plasma physics and fusion energy, Cambridge 2007, S. 93 ff.

[67]vgl. Raeder, Jürgen u.a.: Kontrollierte Kernfusion. Grundlagen ihrer Nutzung zur Energieversorgung, Stuttgart 1981, S. 264

[68]vgl. Friedberg, Jeffrey P.: Plasma physics and fusion energy, Cambridge 2007, S. 93

[69]vgl. http://www.ipp.mpg.de/ippcms/de/pr/forschung/iter/stand/index.html

[70]siehe dazu auch Abbildung 23

[71]vgl. http://einestages.spiegel.de/static/topicalbumbackground/23791/die_alles_weg_maschine.html

[72]vgl. http://www.zeit.de/2010/14/01-USA-Russland-Atomwaffen-Abruestung

[73]vgl. http://www.energiewelten.de/elexikon/lexikon/seiten/htm/020218_Kernspaltung_von_Uran_und%20Spaltprodukte.htm

[74]vgl. http://www.bfs.de/de/endlager/abfaelle/abfallbestand.html/printversion

[75]vgl. Raeder, Jürgen u.a.: Kontrollierte Kernfusion. Grundlagen ihrer Nutzung zur Energieversorgung, Stuttgart 1981, S. 264 f.

[76]vgl. Schumacher, Uwe: Fusionsforschung. Eine Einführung, Darmstadt 1993, S. 31 f.

[77]vgl. Raeder, Jürgen u.a.: Kontrollierte Kernfusion. Grundlagen ihrer Nutzung zur Energieversorgung, Stuttgart 1981, S. 264 ff.

[78]A.a.O.

[79]vgl. Schumacher, Uwe: Fusionsforschung. Eine Einführung, Darmstadt 1993, S. 31

[80]vgl. http://de.wikipedia.org/wiki/Tritium

[81]vgl. Hamm, Host: Ein Jahr nach Fukushima – Immer mehr Länder planen den Ausstieg - In: natur+kosmos 3/2012, S. 18 f.

[82]vgl. Friedberg, Jeffrey P.: Plasma physics and fusion energy, Cambridge 2007, S. 21 f.

[83]vgl. Raeder, Jürgen u.a.: Kontrollierte Kernfusion. Grundlagen ihrer Nutzung zur Energieversorgung, Stuttgart 1981, S. 165

[84]vgl. Schumacher, Uwe: Fusionsforschung. Eine Einführung, Darmstadt 1993, S. 31 f.

Bildmaterial

Abbildung 1

von:

http://de.wikipedia.org/wiki/Chronik_der_Nuklearkatastrophe_von_Fukushima

Zu sehen ist das KKW Daiichi mit vier Reaktorblöcken. In allen vier sind zu diesem Zeitpunkt schon Brände ausgebrochen. Die Hülle vom linken (4.), mittleren (3.) und rechten (1.) Reaktorblock wurde durch die jeweilige Wasserstoffexplosion vollständig weggesprengt. Im anderen mittleren (2.) Reaktorblock hat die Kernschmelze schon eingesetzt, eine Wasserstoffexplosion bleibt jedoch aus. Bei diesen Zuständen ist das Betreten des kompletten Geländes eine höchste Gefährdung des eigenen Körpers, viele Mitarbeiter versuchten jedoch auch noch Tage nach den Kernschmelzen nahezu ungeschützt die Lage zu stabilisieren.

Abbildung 2

von:

http://de.wikipedia.org/wiki/Atomausstieg#Deutschland

Am 26. April 1986 ereignete sich einer der ersten katastrophalen Super-GAUs, nämlich im KKW Tschernobyl. Damals wurde genügend radioaktives Material verteilt, sodass mehrere Hunderttausende Quadratkilometer bis heute zur Sperrzone gehören. Tausende von Menschen starben an Frühfolgen wie z.B. der Strahlenkrankheit, die Dunkelziffer liegt durch die Spätfolgen wie z.B. Tumorbildungen deutlich höher. Mit dieser Katastrophe gewannen die Kernkraft-Gegner erstmals an Einfluss. Für diese steht fest: Die Gefahr der Kernspaltung ist zu hoch, als dass man es kommerziell nutzen könnte[81].

Abbildung 3

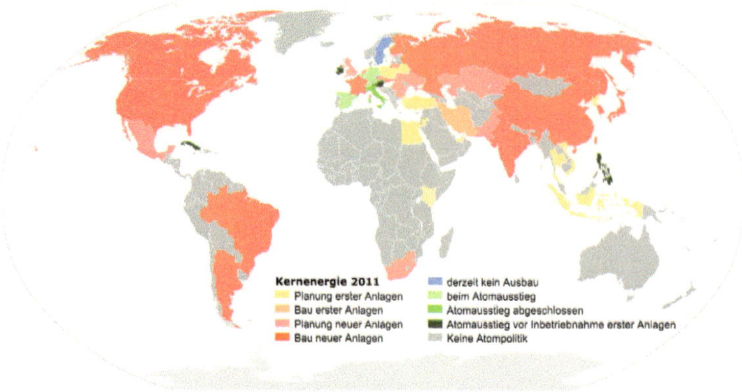

von:

http://de.wikipedia.org/wiki/Kernenergie

Auf dieser Weltkarte zeigt sich die Lage verschiedener Länder im Bezug auf die Nutzung von Kernenergie. In den meisten Ländern wird trotz Fukushima noch weiter am „Atomausbau" gearbeitet. Jedoch haben sich viele, vor allem auch europäische Staaten dazu entschieden, ihre Nutzung von Kernkraft herunterzustellen. In der momentanen Energiekrise können die großen Energieerzeuger-Staaten viel Profit machen, denn die Speisung des Stromnetzes allein durch regenerative und fossile Energieträger erweist sich zunehmend als schwierig.

Abbildung 4

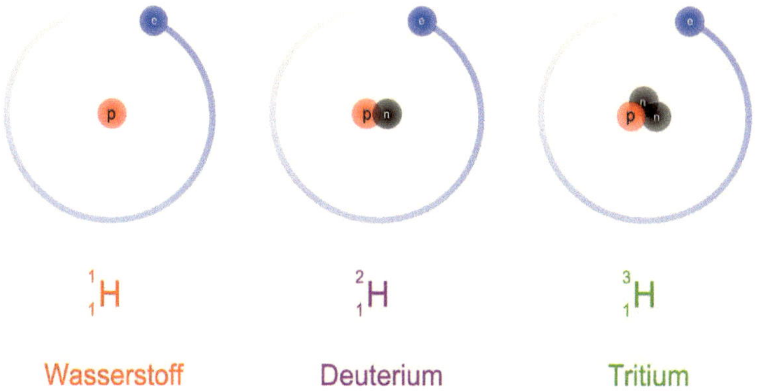

von:

http://de.wikipedia.org/wiki/Tritium

Essentiell für das Verständnis dieser Arbeit ist das Wissen um die Isotope. Dabei handelt es sich um Atome, die einem Element angehören, also dieselbe Ladungszahl tragen, sich jedoch in der Anzahl der Nukleonen unterscheiden. D.h., dass verschiedene Isotope eines Elementes sich nur in der Anzahl der Neutronen unterscheidet. Diese Unterschiede wirken sich eher auf physikalischer als chemischer Ebene aus. Auch sie können mit anderen Stoffen reagieren, zum Beispiel mit Sauerstoff zu schwerem Wasser (D_2O), zu überschwerem Wasser (T_2O) oder Mischformen (DTO). Das am meisten vorkommende Isotop des Wassers ist das Protium mit einem Nukleon, in geringen Mengen kommt jedoch auch Deuterium vor. Tritium ist instabil und zerfällt mit einer Halbwertszeit von ca. 12 Jahren, daher kommt es in der Natur auch so gut wie gar nicht vor.

Abbildung 5

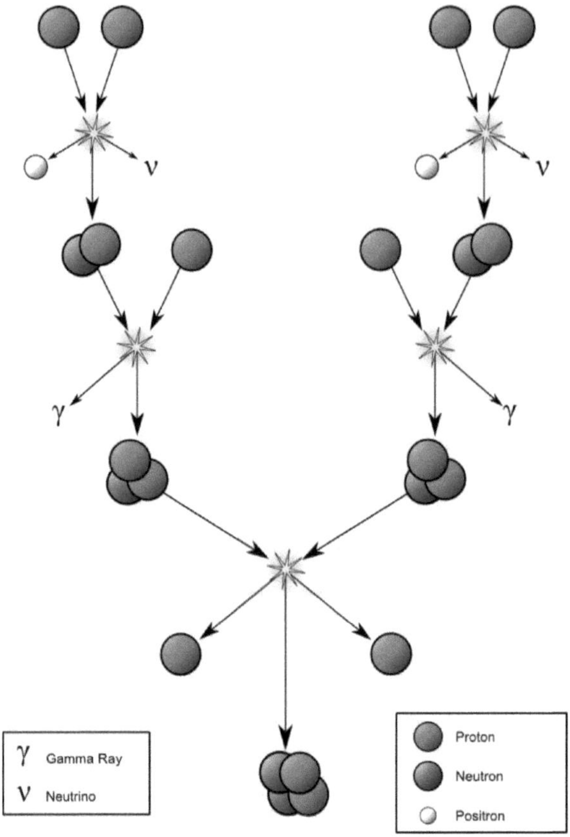

von:

http://de.wikipedia.org/wiki/Proton-Proton-Reaktion

Hier ist ein Beispiel für die Reaktionskette der Proton-Proton-Reaktion zu sehen. Dabei fusionieren zwei Protonen zu dem weniger massenreichen Deuterium, mit einem weiteren Proton fusionieren diese zum Helium-3, wobei ein γ-Quant emittiert wird. Zwei dieser Helium-3-Kerne fusionieren zu Helium-4, dabei werden wieder zwei Protonen abgegeben, die wiederum eine neue Reaktionskette starten können. Diese Schritte gehören zum sog. Wasserstoffbrennen der Sonne. In der Regel fusionieren diese erst am Ende der Lebenszeit einer Sonne zu anderen Stoffen weiter. Die entstehenden Quanten und Teilchen sind für die Wärmeenergie der Plasmen verantwortlich.

Abbildung 6

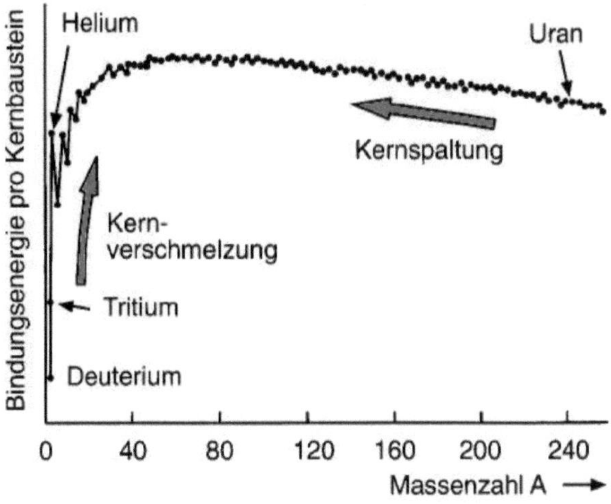

von:

http://zw-jena.de/energie/kernenergie.html

Dieses Diagramm zeigt die Bindungsenergie zwischen den Nukleonen pro Nukleon in Abhängigkeit von der Massenzahl des jeweiligen Isotops, also der Anzahl der Nukleonen. Je stärker die Bindungsenergie pro Nukleon ist, desto „fester“ sitzt der Kern zusammen. Wenn ein Atom in einen stabileren Zustand übergeht, dann wird die „Bewegungsenergie“ der Nukleonen in Form von Quanten bzw. Teilchen freigegeben. Obwohl die Kernfusion auf den ersten Blick ertragreicher erscheint, ist die Kernspaltung (auf den Energieertrag pro Mol Teilchen gerechnet) effektiver. Der Vorteil der Kernfusion besteht jedoch in der besseren Ausnutzung der Energie. Außerdem kommt ein großer Teil der Energie der Kernspaltung durch weitere Zerfallsreaktionen zustande. So gesehen erreicht die Kernfusion mit geplanten Größen ungefähr den gleichen Energieertrag wie die Kernspaltung mit heutigen, bekannten Größenordnungen(siehe Plasmaphysik Cambridge)[82].

Man könnte Kernspaltung bzw. Kernfusion bis zum Element Eisen fortfahren, jedoch nimmt der Wirkungsquerschnitt nach den hier beschriebenen Reaktionen in Richtung des Elementes Eisen schnell ab.

Abbildung 7

von:

http://www.ipp.mpg.de/ippcms/de/pr/forschung/asdex/projekt/index.html

Ein Foto für das beispielhafte Brennen eines Wasserstoff-Plasmas. Bei diesem Foto handelt es sich um den Blick in einen Tokamak. Aufgrund der geringen Dichte sind hohe Temperaturen nötig, um das Plasma zu zünden (siehe Lawson-Kriterium). Dabei wird ein gewisser Teil der Energie auch in Form von (sichtbaren) Licht frei. Ebenfalls gut zu erkennen ist das Abstand zur Reaktorwand, welcher nötig ist, um das Plasma auf Temperatur zu halten. Das Problem liegt jedoch darin, dass dieses Brennen kein kontinuierlicher Prozess ist, sondern sich auf einige Sekunden beschränkt.

Abbildung 8

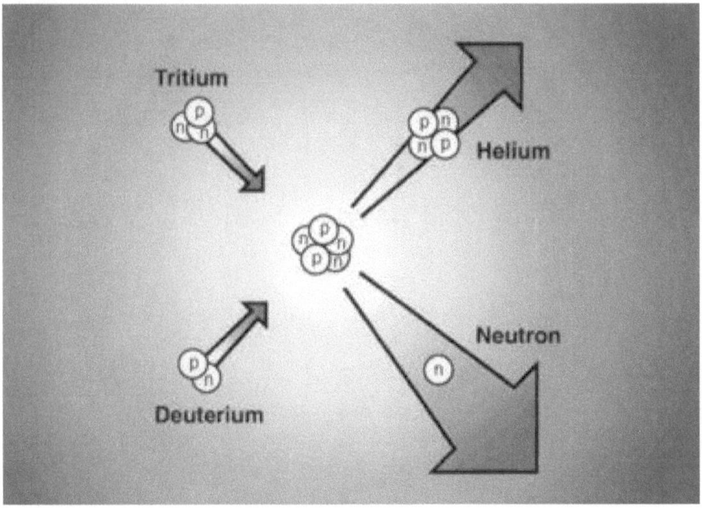

von:

http://www.ipp.mpg.de/ippcms/de/pr/fusion21/kernfusion/index.html

Diese Fusion soll in zukünftigen Reaktoren und Kraftwerken ablaufen. Hier wird schlicht dargestellt, wie zwei energiearme Teilchen zu einem schnellen Teilchen fusionieren, in diesem Fall Helium. Die wichtigste entstehende Komponente ist das schnelle Neutron, welches mit seiner Geschwindigkeit nicht nur weitere Reaktionen anregen kann, sondern auch für die thermische Energie des Plasmas verantwortlich ist.

Abbildung 9

von:

http://www.ipp.mpg.de/ippcms/de/pr/forschung/asdex/index.html

Ein Blick in das Innere eines Tokamaks während der Wartung. Die Blankets und Divertoren müssen regelmäßig ausgetauscht werden, da sie extremen Bedingungen ausgesetzt sind. Dafür bieten Testreaktoren wie dieser, eigene Zugangsmöglichkeiten für die Techniker. Dabei ist höchste Reinheit notwendig, um ungewollte Reaktionen während des Plasmabrennens zu vermeiden. Während dieser Phasen wird der Reaktorraum auf ein Hochvakuum abgepumpt und anschließend das jeweilige Gasgemisch eingelassen.

Abbildung 10

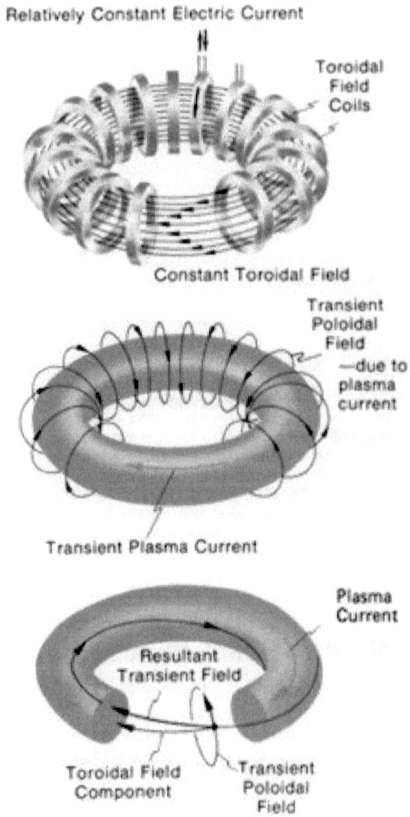

von:

http://de.wikipedia.org/wiki/Tokamak

Eine Darstellung der elektrischen und magnetischen Felder beim Tokamak. Zunächst sind Spulen notwendig, um ein toroidales Feld zu erzeugen und das Plasma von der Wand fernzuhalten. Die entstehende Bewegungsrichtung des Plasmas führt zu unerwünschten Verwirbelungen, weshalb auch polodiale Felder notwendig sind. Diese werden durch einen Plasmastrom induziert (Bild 2). Bild 3 zeigt die Interferenz der Feldlinien, die zu einer berechenbaren Bewegungsrichtung des Plasmas führen, welcher in sich geschlossen ist.

Abbildung 11

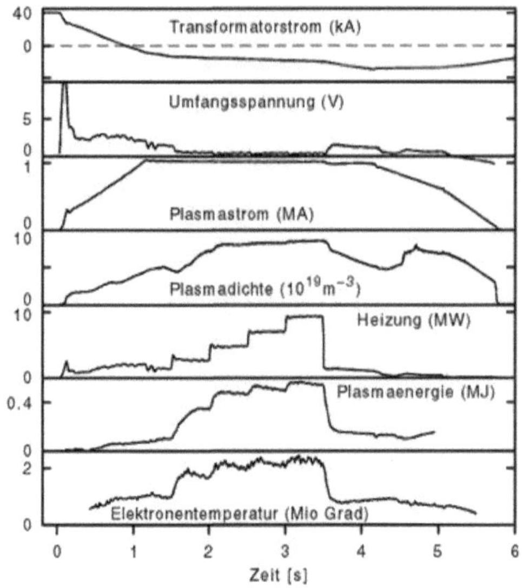

von:

http://www.ipp.mpg.de/ippcms/de/pr/exptypen/tokamak/plasmaentladungen/index.html

Einige Daten zu Test-Ergebnissen eines Tokamaks. Da nur Veränderungen des Transformatorstroms eine Induktion zur Folge haben, muss dieser am Anfang aufgeladen werden und dann entladen werden. Sofort nach Beginn dieses Prozesses wird eine Spannung induziert, die jedoch schnell wieder abfällt, weil die Änderungsrate geringer wird. Der Plasmastrom nimmt jedoch kontinuierlich zu bis zum Maximalwert. Solange der Transformator sich entlädt, bleibt dieser konstant. Erst danach fällt er langsam ab. Während des Induktionsprozesses wird in gewissen Abständen Gas hinzugeführt, dass dann in den Plasma-Zustand übergeht. Gegen Ende nimmt die Dichte des Plasmas ab, später geht dieses in den gasförmigen Zustand über. Die Plasmaheizung dient dazu, die Temperatur des Plasmas zu erhöhen und dadurch die Brennung zu unterhalten. Dies wird phasenweise durchgeführt. Parallel dazu nimmt die Energie des Plasmas zu und später wieder ab. Mit dem Abstellen der Heizung nimmt auch die Temperatur schlagartig ab. Da der Transformator nicht kontinuierlich induzieren kann, bietet der Tokamak nur periodisch ablaufende Lösungen.

Abbildung 12

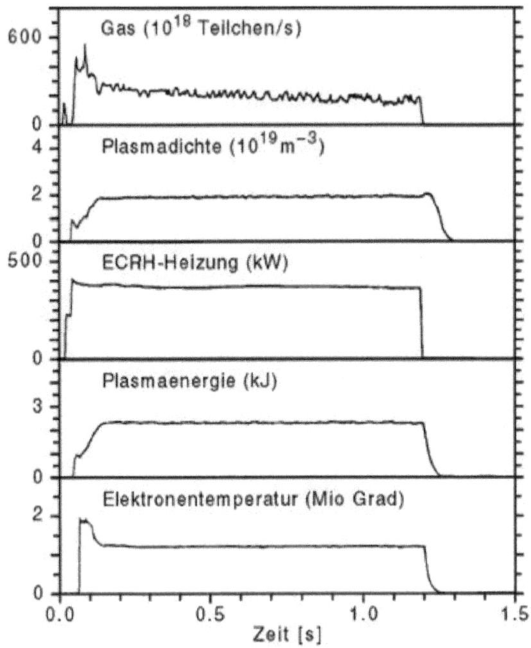

von:

http://www.ipp.mpg.de/ippcms/de/pr/exptypen/stellarator/plasmaentladungen/index.html

Im Gegensatz zu den Tests am Tokamak wird dem Plasma (Gas) beim Stellarator ein kurzer Energiestoß gegeben, wodurch sich dieses schnell erhitzt und dann nach kurzem Absenken auf einem Temperatur-Niveau bleibt. Die Geschwindigkeit der einzelnen Teilchen nimmt jedoch kontinuierlich ab. Plasmadichte, -energie und Heizbetrieb weisen parallele Verläufe auf, da diese in direktem Zusammenhang stehen. Auch wenn dieser Test in deutlich kürzerer Zeit abläuft als der des Tokamaks, lässt die Darstellung erkennen, dass dieser Prozess kontinuierlich durchgeführt werden kann.

Abbildung 13

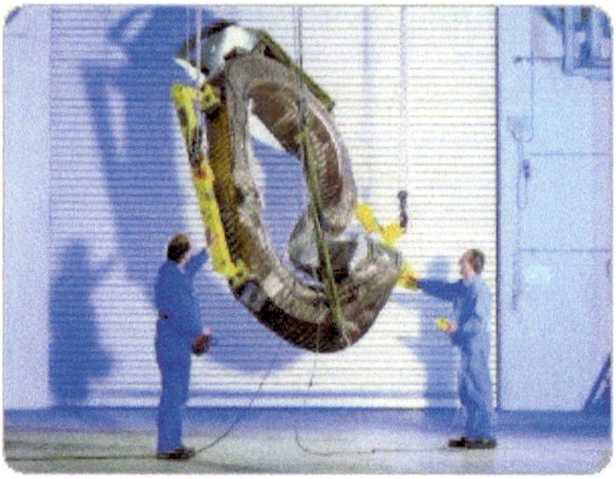

von:

http://www.babcocknoell.de/de/supraleitende-nichtplanare-modulfeldspulen-fuer-wendelstein-7-x.52.html

Ein Beispiel für die supraleitenden Spulen für einen Stellarator. Die besondere Form ist nötig, um das Plasma durch ganz bestimmte Feldlinien von der Reaktorwand fern zu halten. Zukünftige Reaktoren sollen in größeren Maßstäben stattfinden als es hier der Fall ist.

Abbildung 14

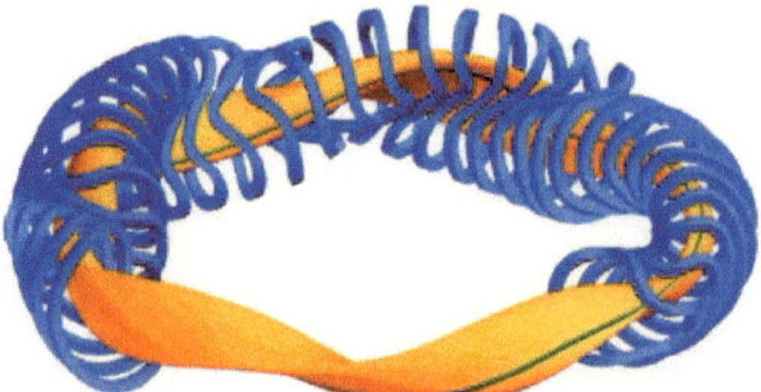

von:

http://www.ipp.mpg.de/ippcms/de/pr/exptypen/stellarator/magnetspulen/index.html

Die schematische Darstellung eines Plasmas im Stellarator und die dazugehörigen Spulen. Lange Zeit war es nicht möglich, die geometrischen Anforderungen der Stellaratoren zu berechnen, mit dem Entwickeln von Super-Computern begann jedoch die erneute Forschung dieser Reaktor-Technik.

Abbildung 15

von:

http://www.ipp.mpg.de/ippcms/de/pr/forschung/w7x/index.html

Beispiel für die technische Umsetzung eines Stellarators. Dieser befindet sich gerade noch im Aufbau, daher auch das gelbe Gerüst. Das grüne toroidale Gefäß ist der Reaktor bzw. dessen Wand. Die ganzen Öffnungen sind notwendig um verschiedene Messinstrumente und Heizungen anzuschließen. Beim Verschweißen muss später auf eine luftdichte Naht geachtet werden.

Abbildung 16

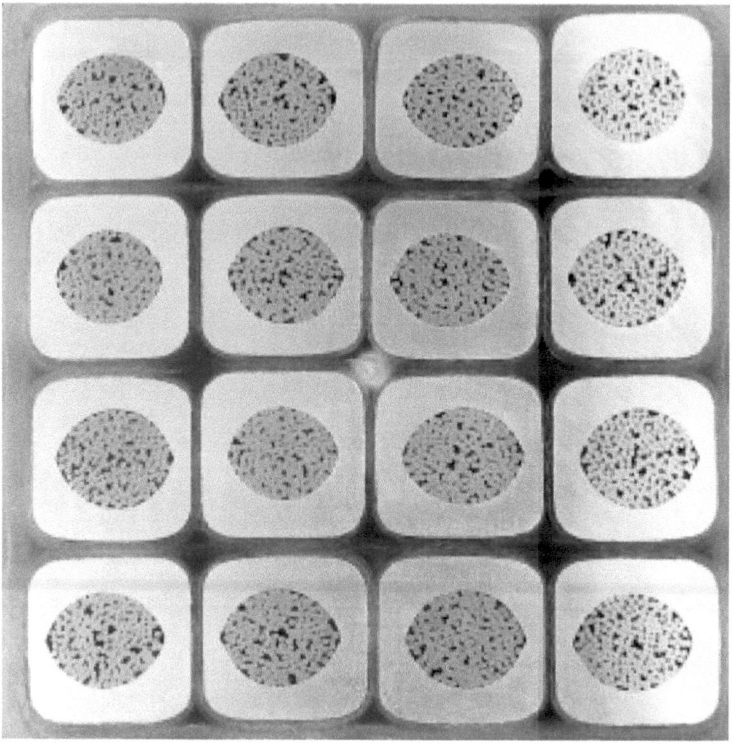

von:

http://www.ipp.mpg.de/ippcms/de/pr/publikationen/pdf/3_einfuehrung_elemente.pdf

Der Querschnitt eines Teilelementes der supraleitenden Spulen. Die bronzefarbenen Adern bestehen aus einer Niob-Titan-Legierung. Im Teilverbund werden sie von Aluminiumrohren zusammengehalten. Diese werden wiederum in einem Verbund zusammengesetzt, der durch Kunstharz stabilisiert und isoliert wird. In den Hohlräumen der Niob-Titan-Adern fließt währen des Betriebes flüssiges Helium, um die Drähte auf 4 Kelvin abzukühlen. Damit besitzen sie die Eigenschaften eines Supraleiters.

Abbildung 17

von:

http://www.ipp.mpg.de/ippcms/de/pr/forschung/iter/projekt/index.html
Hier ein futuristisches Modell von der gesamten Anlage ITER in Südfrankreich. Im hinteren Bereich befinden sich neben dem Reaktorgebäude auch weitere wichtige Kontroll- und Messgebäude. Der vordere Teil wird für die Verwaltung zuständig sein. Das Gebiet befindet sich in keiner näheren Umgebung einer Großstadt, weshalb die Forschungen ohne Umstände durchgeführt werden können. Große Demonstrationen werden schwer realisierbar sein. Außerdem entgeht man damit einer möglichen Störung von Infrastruktur und Kultur einer Stadt.

Abbildung 18

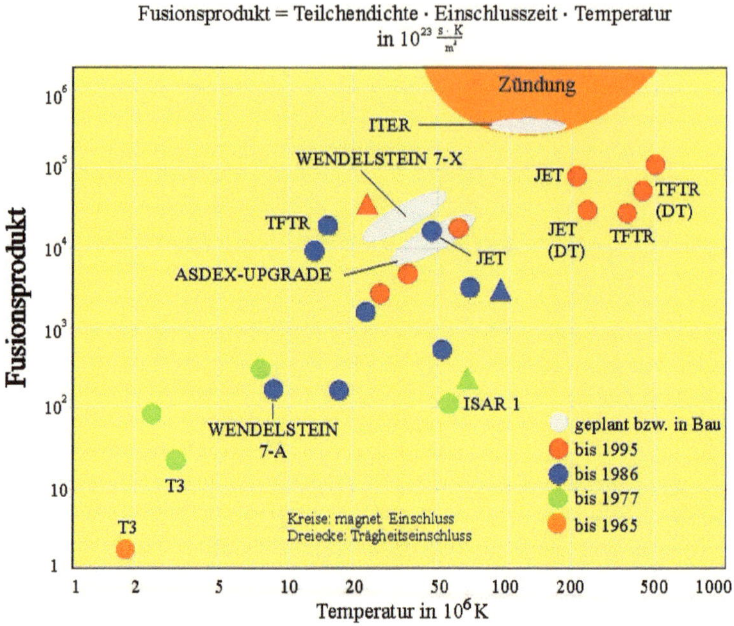

von:

http://www.leifiphysik.de/web_ph12/umwelt_technik/11fusion/lawson.htm

Diese Darstellung fasst die wichtigsten Bedeutungen des Lawson-Kriterium für die heutige Forschung zusammen. Hierbei werden in Abhängigkeit der Variablen „Temperatur des Plasmas“ und „Fusionsprodukt“ die bis jetzt entwickelten Fusionsreaktoren aufgelistet. Das Fusionsprodukt ist, wie über der Darstellung beschrieben, das mathematische Produkt aus den drei wichtigsten Lawson-Variablen: Temperatur des Plasmas, Teilchendichte des Plasmas (in etwa proportional zur äußeren Dichte des Plasmas) und die Einschlusszeit, also die Zeit, in der die Kernfusion stattfinden kann. Hier sind die wichtigsten Experimente aufgelistet, wobei die Darstellung etwas veraltet ist, denn sowohl der Tokamak ASDEX-Upgrade als auch der Stellarator Wendelstein-7-X sind schon in Betrieb. Man hofft, mit der Versuchsanlage ITER die Zündbedingungen zu erfüllen und eine kontinuierliche Fusion zu erzeugen. Mit diesem Erfolg könnte die Effizienz der Kernfusion nachgewiesen werden.

Abbildung 19

von:

http://www.ipp.mpg.de/ippcms/de/pr/forschung/iter/index.html

Diese Grafik verdeutlicht die wichtigsten Komponenten des zukünftigen Reaktors von ITER. Die rosa eingefärbten Bereiche stellen den Raum dar, in dem sich das Plasma befinden soll. Der „innere" beige Bereich steht für das Blanket, also die erste „Wand" des Reaktors. Die bläulichen D-förmigen Stücke zeigen die Torodial-Spulen, die äußeren beigen Ringe stehen für die Polodial-Spulen. Der gesamte Komplex ist von einer weiteren Hülle umgeben, welche mehrere Zu- und Abflüsse ebenso wie elektronische Ein- und Ausgangsleitungen enthält. Das beige kantige Rohr dient später zur Befüllung des Plasmas, damit ein langfristiger Betrieb möglich wird. Hierdurch werden gefrorene Pellets aus DT-Gemischen eingeschossen, welche sich im Plasma in kürzester Zeit auflösen und für Fusionsreaktionen zur Verfügung stehen[83] [84].

Abbildung 20

von:

http://www.ipp.mpg.de/ippcms/de/pr/forschung/iter/stand/index.html

Dieses Foto soll einen Eindruck für die geplanten Größen des Reaktors von ITER geben. Dies hier ist ein japanischer Prototyp aus dem letzten Jahrhundert, welche später vervielfältigt und zusammengesetzt werden sollen, um das innere Stahlgerüst zu bilden, in dem sich der Reaktor letztendlich befinden soll.

Abbildung 21

von:

http://www.iter.org/factsfigures

Die Fläche, auf der das Versuchsgelände gebaut werden soll. Noch wird an den Fundamenten für die einzelnen Gebäuden gearbeitet. Erst wenn die Gebäude stehen, beginnt man mit der Produktion und dem Zusammenbau des Reaktors, der Diagnose- und Zusatzmaschinen und der Verwaltungsgebäude.

Abbildung 22

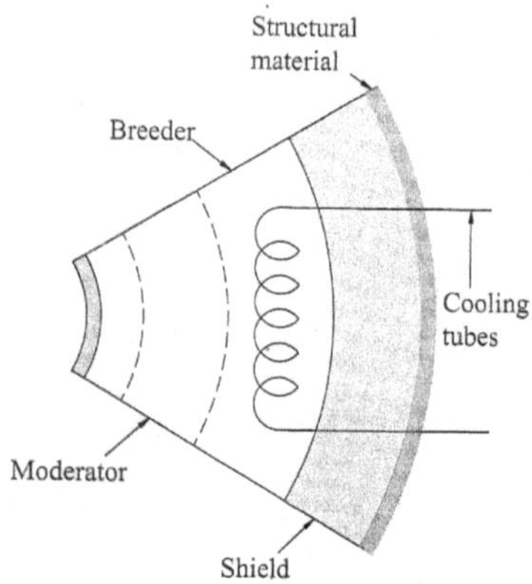

aus:

Friedberg, Jeffrey P.: Plasma physics and fusion energy, Cambridge 2007; S. 93

Eine schematische Darstellung des Blankets, also der inneren Hülle des Reaktors. Hier wird gleichzeitig die Funktion als Tritium-Brüter beschrieben. Die linke Schicht ist eine temperaturbeständige Legierung. Die zweite Schicht dient der Vervielfältigung von Neutronen, z.B. durch Beryllium. Dadurch wird eine ausreichend große Menge von Neutronen sichergestellt. Diese bewegen sich z.T. durch eine Moderator-Schicht in die Brut-Schicht, die aus Lithium besteht. Hier spalten die Neutronen die Lithium-Atome. Dabei entsteht unter anderem Tritium, welches als weiteres Brennmaterial verwendet werden kann. Um die entstehende Hitze abführen zu können, werden Kühl-Rohre durch die Brutschicht gelegt. Zum Schutz vor weiterer Neutronen-Strahlung sind die Blankets durch eine Schild-Schicht nach außen hin isoliert.

Abbildung 23

von:

http://einestages.spiegel.de/static/topicalbumbackground/23791/die_alles_weg_maschine.html

Atompilz der Zar-Bombe. An der nördlichen Küste Russlands gezündet, war die sog. Zar-Bombe die stärkste Waffe aller Zeiten und erzeugte einen Atompilz von über 50 km Höhe. Die meiste Kraft des Fusions-Sprengsatzes verteilt sich dabei auf die Druckwelle und die Temperatur in der näheren Umgebung. Durch den der Druckwelle folgenden Sog kühlt sich die Luft jedoch so stark ab, dass sich der Ring über den Pilz bildet, der aus kondensierten Wasserdampf besteht.

Literaturverzeichnis

Friedberg, Jeffrey P.: Plasma physics and fusion energy, Cambridge 2007

Hamm, Host: Ein Jahr nach Fukushima – Immer mehr Länder planen den Ausstieg - In: natur+kosmos 3/2012, S. 18 f.

Raeder, Jürgen u.a.: Kontrollierte Kernfusion. Grundlagen ihrer Nutzung zur Energieversorgung, Stuttgart 1981

Schumacher, Uwe: Fusionsforschung. Eine Einführung, Darmstadt 1993

Internetquellen:

Babcock Noell: Supraleitende nichtplanare Modulfeldspulen für das Stellarator-Fusionsexperiment Wendelstein-7-X

URL: http://www.babcocknoell.de/de/supraleitende-nichtplanare-modulfeldspulen-fuer-wendelstein-7-x.52.html

(Abgerufen: 10. März 2012, 18:40)

Claessens, Michael: Facts & Figures

URL: http://www.iter.org/factsfigures

(Abgerufen: 10. März 2012, 18:40)

Diermann, Ralph: Herr Rossi sucht das Glück der Menschheit

Bearbeitungsstand: 10. Dezember 2011

URL: http://www.spiegel.de/wissenschaft/technik/0,1518,801836,00.html

(Abgerufen: 10. März 2012, 18:40)

Drakos, Nikos: Eigenschaften der elektrischen Leitfähigkeit des Plasmas

URL: http://www.sprott.net/science/physik/taschenbuch/daten/kap_16/node10.htm

(Abgerufen: 10. März 2012, 18:40)

EFDA: What ist the resitive loss (power and total for each pulse) in the torodial magnet coils?

URL: http://www.efda.org/faq/new-what-is-the-resistive-loss-power-and-total-for-each-pulse-in-the-toroidal-coil-magnet-coils/

(Abgerufen: 10. März 2012, 18:40)

HEA – Fachgemeinschaft für effiziente Energieanwendung e.V.: Kernspaltung uns Spaltprodukte

URL:

http://www.energiewelten.de/elexikon/lexikon/seiten/htm/020218_Kernspaltung_von_Uran_und%20Spaltprodukte.htm

(Abgerufen: 10. März 2012, 18:40)

Joffe, Josef: Abrüstung USA-Russland – Außer Gefecht

Bearbeitungsstand: 1. April 2010

URL: http://www.zeit.de/2010/14/01-USA-Russland-Atomwaffen-Abruestung

(Abgerufen: 10. März 2012, 18:40)

Leitner, Ernst; u.a.: Das Lawson-Kriterium

URL: http://www.leifiphysik.de/web_ph12/umwelt_technik/11fusion/lawson.htm

(Abgerufen: 10. März 2012, 18:40)

Maack, Benjamin: 50 Jahre „Zar“-Bombe: Die Alles-weg-Maschine

Bearbeitungsstand: 28. Oktober 2011

URL:
http://einestages.spiegel.de/static/topicalbumbackground/23791/die_alles_weg_maschine.html
(Abgerufen: 10. März 2012, 18:40)

Plesa, Eduard (Max-Planck-Institut für Plasmaphysik): ASDEX Upgrade - Projekt
Bearbeitungsstand: 18. März 2011
URL: http://www.ipp.mpg.de/ippcms/de/pr/forschung/asdex/projekt/index.html
(Abgerufen: 10. März 2012, 17:45)

Plesa, Eduard (Max-Planck-Institut für Plasmaphysik): Das Kraftwerk - Tokamak
Bearbeitungsstand: 2. November 2009
URL: http://www.ipp.mpg.de/ippcms/de/pr/exptypen/tokamak/index.html
(Abgerufen: 10. März 2012, 17:45)

Plesa, Eduard (Max-Planck-Institut für Plasmaphysik): Elemente der Fusionsexperimente
Bearbeitungsstand: 14. Juli 2005, 11:35
URL: http://www.ipp.mpg.de/ippcms/de/pr/publikationen/pdf/3_einfuehrung_elemente.pdf
(Abgerufen: 10. März 2012, 17:45)

Plesa, Eduard (Max-Planck-Institut für Plasmaphysik): Fusion 21 - Plasmaheizung
Bearbeitungsstand: 2. November 2009
URL: http://www.ipp.mpg.de/ippcms/de/pr/fusion21/plasmaheizung/index.html
(Abgerufen: 10. März 2012, 17:45)

Plesa, Eduard (Max-Planck-Institut für Plasmaphysik): Fusion 21 – Was ist Kernfusion?
Bearbeitungsstand: 4. April 2008

URL: http://www.ipp.mpg.de/ippcms/de/pr/fusion21/kernfusion/index.html

(Abgerufen: 10. März 2012, 17:45)

Plesa, Eduard (Max-Planck-Institut für Plasmaphysik): IPP-Projekte - ITER-Kooperation

Bearbeitungsstand: 26. August 2011

URL: http://www.ipp.mpg.de/ippcms/de/pr/forschung/iter/index.html

(Abgerufen: 10. März 2012, 17:45)

Plesa, Eduard (Max-Planck-Institut für Plasmaphysik): IPP-Projekte - Wendelstein-7-X

Bearbeitungsstand: 21. Dezember 2011

URL: http://www.ipp.mpg.de/ippcms/de/pr/forschung/w7x/index.html

(Abgerufen: 10. März 2012, 17:45)

Plesa, Eduard (Max-Planck-Institut für Plasmaphysik): IPP-Projekte – ASDEX Upgrade

Bearbeitungsstand: 19. August 2010

URL: http://www.ipp.mpg.de/ippcms/de/pr/forschung/asdex/index.html

(Abgerufen: 10. März 2012, 17:45)

Plesa, Eduard (Max-Planck-Institut für Plasmaphysik): ITER-Kooperation - Projekt

Bearbeitungsstand: 25. August 2010

URL: http://www.ipp.mpg.de/ippcms/de/pr/forschung/iter/projekt/index.html

(Abgerufen: 10. März 2012, 17:45)

Plesa, Eduard (Max-Planck-Institut für Plasmaphysik): ITER-Kooperation – Stand der Forschung

Bearbeitungsstand: 24. Februar 2012

URL: http://www.ipp.mpg.de/ippcms/de/pr/forschung/iter/stand/index.html

(Abgerufen: 10. März 2012, 17:45)

Plesa, Eduard (Max-Planck-Institut für Plasmaphysik): ITER-Kooporation – Stand der Forschung

Bearbeitungsstand: 24. Februar 2012

URL: http://www.ipp.mpg.de/ippcms/de/pr/forschung/iter/stand/index.html

(Abgerufen: 10. März 2012, 17:45)

Plesa, Eduard (Max-Planck-Institut für Plasmaphysik): Stellarator - Magnetspulen

Bearbeitungsstand: 14. November 2011

URL: http://www.ipp.mpg.de/ippcms/de/pr/exptypen/stellarator/magnetspulen/index.html

(Abgerufen: 10. März 2012, 17:45)

Plesa, Eduard (Max-Planck-Institut für Plasmaphysik): Stellarator - Plasmaentladungen

Bearbeitungsstand: 2. November 2009

URL:
http://www.ipp.mpg.de/ippcms/de/pr/exptypen/stellarator/plasmaentladungen/index.html

(Abgerufen: 10. März 2012, 17:45)

Plesa, Eduard (Max-Planck-Institut für Plasmaphysik): Tokamak - Plasmaentladungen

Bearbeitungsstand: 22. September 2010

URL: http://www.ipp.mpg.de/ippcms/de/pr/exptypen/tokamak/plasmaentladungen/index.html

(Abgerufen: 10. März 2012, 17:45)

Vedder, Meike (Bundesamt für Strahlenschutz): Abfallbetsand

Bearbeitungsstand: 23. September 2011

URL: http://www.bfs.de/de/endlager/abfaelle/abfallbestand.html/printversion

(Abgerufen: 10. März 2012, 18:40)

Wikipedia, Die freie Enzyklopädie: Atomausstieg

Bearbeitungsstand: 6. März 2012, 23:51

URL: http://de.wikipedia.org/w/index.php?title=Atomausstieg&oldid=100565566

(Abgerufen: 10. März 2012, 16:53)

Wikipedia, Die freie Enzyklopädie: Chronik der Nuklearkatastrophe von Fukushima

Bearbeitungsstand: 6. März 2012, 14:37

URL: http://de.wikipedia.org/w/index.php?

title=Chronik_der_Nuklearkatastrophe_von_Fukushima&oldid=100542951

(Abgerufen: 10. März 2012, 16:51)

Wikipedia, Die freie Enzyklopädie: Kernenergie

Bearbeitungsstand: 10. März 2012, 12:45

URL: http://de.wikipedia.org/w/index.php?title=Kernenergie&oldid=100700565

(Abgerufen: 10. März 2012, 16:53)

Wikipedia, Die freie Enzyklopädie: Kernkraftwerk Fukushima Daiichi

Bearbeitungsstand: 4. März 2012, 02:06

URL: http://de.wikipedia.org/w/index.php?

title=Kernkraftwerk_Fukushima_Daiichi&oldid=100444718

(Abgerufen: 10. März 2012, 16:53)

Wikipedia, Die freie Enzyklopädie: Myon

Bearbeitungsstand: 27. Februar 2012, 19:27.

URL: http://de.wikipedia.org/w/index.php?title=Myon&oldid=100220371

(Abgerufen: 10. März 2012, 16:52)

Wikipedia, Die freie Enzyklopädie: Proton-Proton-Reaktion

Bearbeitungsstand: 25. November 2011, 00:32

URL: http://de.wikipedia.org/w/index.php?title=Proton-Proton-Reaktion&oldid=96419401

(Abgerufen: 10. März 2012, 16:54)

Wikipedia, Die freie Enzyklopädie: Stellarator

Bearbeitungsstand: 2. Dezember 2011, 17:48

URL: http://de.wikipedia.org/w/index.php?title=Stellarator&oldid=96667554

(Abgerufen: 10. März 2012, 16:55)

Wikipedia, Die freie Enzyklopädie: Tōhoku-Erdbeben 2011

Bearbeitungsstand: 10. März 2012, 09:43

URL: http://de.wikipedia.org/w/index.php?title=T%C5%8Dhoku-Erdbeben_2011&oldid=100355778

(Abgerufen: 10. März 2012, 16:52)

Wikipedia, Die freie Enzyklopädie: Tokamak

Bearbeitungsstand: 2. Februar 2012, 10:37

URL: http://de.wikipedia.org/w/index.php?title=Tokamak&oldid=99151068

(Abgerufen: 10. März 2012, 16:54)

Wikipedia, Die freie Enzyklopädie: Trägheitsfusion

Bearbeitungsstand: 4. Februar 2012, 11:19

URL: http://de.wikipedia.org/w/index.php?title=Tr%C3%A4gheitsfusion&oldid=99233224

(Abgerufen: 10. März 2012, 16:55)

Wikipedia, Die freie Enzyklopädie: Tritium

Bearbeitungsstand: 6. März 2012, 16:40

URL: http://de.wikipedia.org/w/index.php?title=Tritium&oldid=100548405

(Abgerufen: 10. März 2012, 16:56)

Zukunftswerkstatt Jena: Bindungsenergie zwischen Kernteilchen

URL: http://zw-jena.de/energie/kernenergie.html

(Abgerufen: 10. März 2012, 18:40)

Weiterführende Literatur:

Bradshaw, A.; Hamacher, T.: Kernfusion – Eine nachhaltige Energiequelle der Zukunft in: Naturwissenschaftliche Rundschau 12/2005

Bromberg, Joan Lisa: Fusion- science, politics, and the invention of a new energy source, Cambridge 1982

Bucher Gruppe: Kernfusion: Deuterium, Tritium, Kernwaffentechnik, Kalte Fusion, Fusion Mittels Magnetischen Einschlusses, Trägheitsfusion,

Memphis (Tennesee) 2010

Bucher Gruppe: Kernspaltung: Kernreaktor, Spontane Spaltung, Entdeckung Der

Kernspaltung, Laufwellen-Reaktor, Nak, Tröpfchenmodell, Thermische Neutronen, Memphis (Tennesee) 2010

Coulmas, Florian; Stalpers, Judith: Fukushima: Vom Erdbeben zur atomaren Katastrophe, München 2011

Dittmar, Michael: The Nuclear Energy Option facts and fantasies

- Im Vortrag: ASPO06 Conference Cork, 17.–18. September 2007

Heeven, Fabienne van: Fukushima: Die atomare Katastrophe des 21. Jahrhunderts, Beau Bassin – Rose Hill 2011

Hermann-von-Helmholtz-Gemeinschaft Deutscher Forschungszentren, Max-Planck-Institut für Plasmaphysik (Garching, München): Kernfusion,

München 2006

Kaufmann, Michael: Plasmaphysik und Fusionsforschung, Stuttgart/Leipzig/Wiesbaden 2003

Koepp, Reinhold; Koepp-Schewyrina, Tatjana: Tschernobyl: Katastrophe und Langzeitfolgen - Einblicke in die Wissenschaft - Einblicke in die Wissenschaft: Ökologie, Leipzig 1996

Mackenthun, Gerald: Fukushima: Warum Kernenergie durchaus beherrschbar ist,

Berlin 2011

Max-Planck-Institut für Plasmaphysik: 50 Jahre Forschung für die Energie der Zukunft, München 2010

Meisl, Thomas: Kernfusion- Ein Überblick, München 2007

Quelle Wikipedia: Nuklearkatastrophe Von Fukushima: Chronik der Nuklearkatastrophe von Fukushima, Strahlungsbelastung durch die Nuklearunfälle von Fukushima, Memphis (Tennesee) 2011

Rebhahn, E.: Heisser als das Sonnenfeuer, Plasmaphysik und Kernfusion,

München 1992

Schaupp, Michael: Die gesellschaftliche Auseinandersetzung mit Kernfusion- eine neue Form der Energiegewinnung, München, 2003

Schumacher, Uwe: Fusionsforschung. Eine Einführung, Darmstadt 1993

Schwarzenbach, Fritz Hans : Kernkraft 1945 - 2011 Personliche Bilanz eines Zeitzeugen, Book on demand 2011

Abkürzungsverzeichnis

%: Prozent
°C: Grad Celsius
A.a.O.: Am angegebenen Ort
ASDEX: AxialSymmetrisches Divertor-EXperiment
d.h.: das heißt
D.h.: Das heißt
DD-Fusion: Deuterium-Deuterium-Fusion
DEMO: DEMOnstration Power Plant
DT-Gemisch: Deuterium-Tritium-Gemisch
DT-Plasma: Deuterium-Tritium-Plasma
DTO: Deuterium-Tritiom-Oxid
e.V.: eingetragener Verein
ebd.: ebenda
GAU: Größt-anzunehmender-Unfall
IPP: Max-Planck-Institut für Plasmaphysik
ITER: International Thermonuclear Experimental Reactor
kg: Kilogramm
KKW: Kern-Kraft-Werk
km: Kilometer
m^3: Kubik-Meter
MeV: Mega-Elektronen-Volt
Mio.: Millionen
S.: Seite
sog.: sogenannte/r/s

t: Tonne (Gewicht), 1000 Kilogramm
TNT: Trinitrotoluol
u.a.: unter anderem; und andere (Endnoten und Anhang)
USA: United States of America
vgl.: vergleiche
z.T.: zum Teil
γ: Gamma
Ω: Ohm